DEADLIEST ANIMALS

KILLER BEES

LOS ANIMALES MÁS LETALES

LAS ABEJAS ASESINAS

Written by / Escrito por: Amy Culliford
Translated by / Traducción de: Santiago Ochoa

A Crabtree Branches Book
Un libro de Las Ramas de Crabtree

Crabtree Publishing
crabtreebooks.com

School-to-Home Support for Caregivers and Teachers

This high-interest book is designed to motivate striving students with engaging topics while building fluency, vocabulary, and an interest in reading. Here are a few questions and activities to help the reader build upon his or her comprehension skills.

Before Reading:

- *What do I think this book is about?*
- *What do I know about this topic?*
- *What do I want to learn about this topic?*
- *Why am I reading this book?*

During Reading:

- *I wonder why...*
- *I'm curious to know...*
- *How is this like something I already know?*
- *What have I learned so far?*

After Reading:

- *What was the author trying to teach me?*
- *What are some details?*
- *How did the photographs and captions help me understand more?*
- *Read the book again and look for the vocabulary words.*
- *What questions do I still have?*

Extension Activities:

- *What was your favorite part of the book? Write a paragraph on it.*
- *Draw a picture of your favorite thing you learned from the book.*

Apoyos de la escuela a los hogares para cuidadores y maestros

Este libro de gran interés está diseñado con temas atractivos para motivar a los estudiantes, a la vez que fomenta la fluidez, el vocabulario y el interés por la lectura. Las siguientes son algunas preguntas y actividades que ayudarán al lector a desarrollar sus habilidades de comprensión.

Antes de leer:

- *¿De qué creo que trata este libro?*
- *¿Qué sé sobre este tema?*
- *¿Qué quiero aprender sobre este tema?*
- *¿Por qué estoy leyendo este libro?*

Durante la lectura:

- *Me pregunto por qué...*
- *Tengo curiosidad por saber...*
- *¿En qué se parece esto a algo que ya conozco?*
- *¿Qué he aprendido hasta ahora?*

Después de la lectura:

- *¿Qué intentaba enseñarme el autor?*
- *¿Qué detalles recuerdo?*
- *¿Cómo me han ayudado las fotografías y los pies de foto a comprender mejor el libro?*
- *Vuelvo a leer el libro y busco las palabras del vocabulario.*
- *¿Qué preguntas me quedan?*

Actividades de extensión:

- *¿Cuál fue tu parte favorita del libro? Escribe un párrafo al respecto.*
- *Haz un dibujo de lo que más te gustó del libro.*

TABLE OF CONTENTS

ÍNDICE

KILLER BEE
LA ABEJA ASESINA

There are nearly 20,000 **species** of bees worldwide. The most familiar is the honey bee. Honey bees produce a thick, golden, sweet treat people have enjoyed for thousands of years.

Hay casi 20 000 **especies** de abejas en todo el mundo. La más conocida es la abeja melífera. Las abejas melíferas producen un líquido espeso, dorado y dulce que la gente ha disfrutado durante miles de años.

PEOPLE WITH APIPHOBIA HAVE AN OVERPOWERING FEAR OF BEES.

LAS PERSONAS CON APIFOBIA TIENEN UN MIEDO ABRUMADOR A LAS ABEJAS.

In the 1950s, scientists began **cross-breeding** honey bees. Their goal was to breed a more efficient honey maker. They met their goal, but also created a dangerous **hybrid**. The killer bee was born!

En la década de 1950, los científicos comenzaron a **cruzar** abejas melíferas. Su objetivo era criar productoras más eficientes de miel. Cumplieron su objetivo, pero también crearon un **híbrido** peligroso. ¡La abeja asesina había nacido!

Why are they called killer bees? The hybrid bees are more **defensive** than other honey bees. If disturbed, the bees aggressively **swarm**, chase down, and sometimes kill the intruder.

¿Por qué se llaman abejas asesinas? Las abejas híbridas son más **defensivas** que las abejas melíferas. Si son molestadas, revolotean agresivamente en un **enjambre**, persiguen al intruso y pueden llegar a matarlo.

The killer hybrid is also called the Africanized honey bee. It was created when African honey bees were brought to South America and bred with European honey bees. Some of the Africanized bees escaped and spread north. Killer bees are now found as far north as Texas, California, and Florida.

El híbrido asesino también es llamado abeja africanizada. Se creó cuando abejas africanas fueron llevadas a América del Sur y se cruzaron con abejas melíferas europeas. Algunas abejas africanizadas se escaparon y se esparcieron hacia el norte. Las abejas asesinas ahora también las encontramos hasta el norte de Texas, California y Florida.

An Africanized honey bee (left) and a European honey bee. They look similar, but honey bees can vary in color. Often, the only way to tell Africanized honey bees from other bees is in a lab.

Una abeja africanizada (izquierda) y una abeja melífera europea (derecha). Son parecidas, pero las abejas melíferas pueden variar de color. A menudo, la única manera de distinguir a las abejas africanizadas de otras abejas es en un laboratorio.

KILLER LOOKS?

¿ASPECTO ASESINO?

Killer bees look like other honey bees. Their hairy bodies are golden yellow with brown bands. And, like all insects, killer bee bodies have three segments.

Las abejas asesinas se parecen a las abejas melíferas. Sus cuerpos peludos son de color amarillo dorado con bandas cafés. Y, como todos los insectos, los cuerpos de las abejas asesinas tienen tres segmentos.

KILLER BEES ARE SMALLER THAN MOST OTHER HONEY BEES. THEREFORE, KILLER BEES CARRY LESS **VENOM**.

LAS ABEJAS ASESINAS SON MÁS PEQUEÑAS QUE LA MAYORÍA DE LAS ABEJAS MELÍFERAS. POR LO TANTO, LAS ABEJAS ASESINAS TIENEN MENOS **VENENO**.

The first segment is the head, where there is a set of antennae. The second segment is the thorax, where two sets of wings and three sets of legs are attached. The third segment is the abdomen, or tail end, where the stinger is located.

El primer segmento es la cabeza, donde hay un par de antenas. El segundo segmento es el tórax, donde hay dos conjuntos de alas y tres pares de patas. El tercer segmento es el abdomen, o extremo de la cola, donde se encuentra el aguijón.

THE COLONY
LA COLONIA

Killer bees live in **colonies**. A colony has one queen bee, worker bees, and drones. The queen's colony will serve and protect her with their lives. A colony builds its own home, or nest. Hollow trees or rocky nooks make good nest sites. But, beware! Killer bees can also build nests in old tires, behind house siding, or in junked cars.

Las abejas asesinas viven en **colonias**. Una colonia tiene una abeja reina, abejas obreras y zánganos. La colonia sirve y protege a la reina con sus vidas. Una colonia construye su propio hogar o nido. Los árboles huecos o los rincones rocosos son buenos lugares para anidar. ¡Pero cuidado! Las abejas asesinas también pueden construir panales en neumáticos viejos, detrás de los revestimientos de las casas o en autos abandonados.

Nests close to where people are active can be very dangerous. Killer bees do not like to be disturbed.

Los panales cercanos a las personas pueden ser muy peligrosos. A las abejas asesinas no les gusta que las molesten.

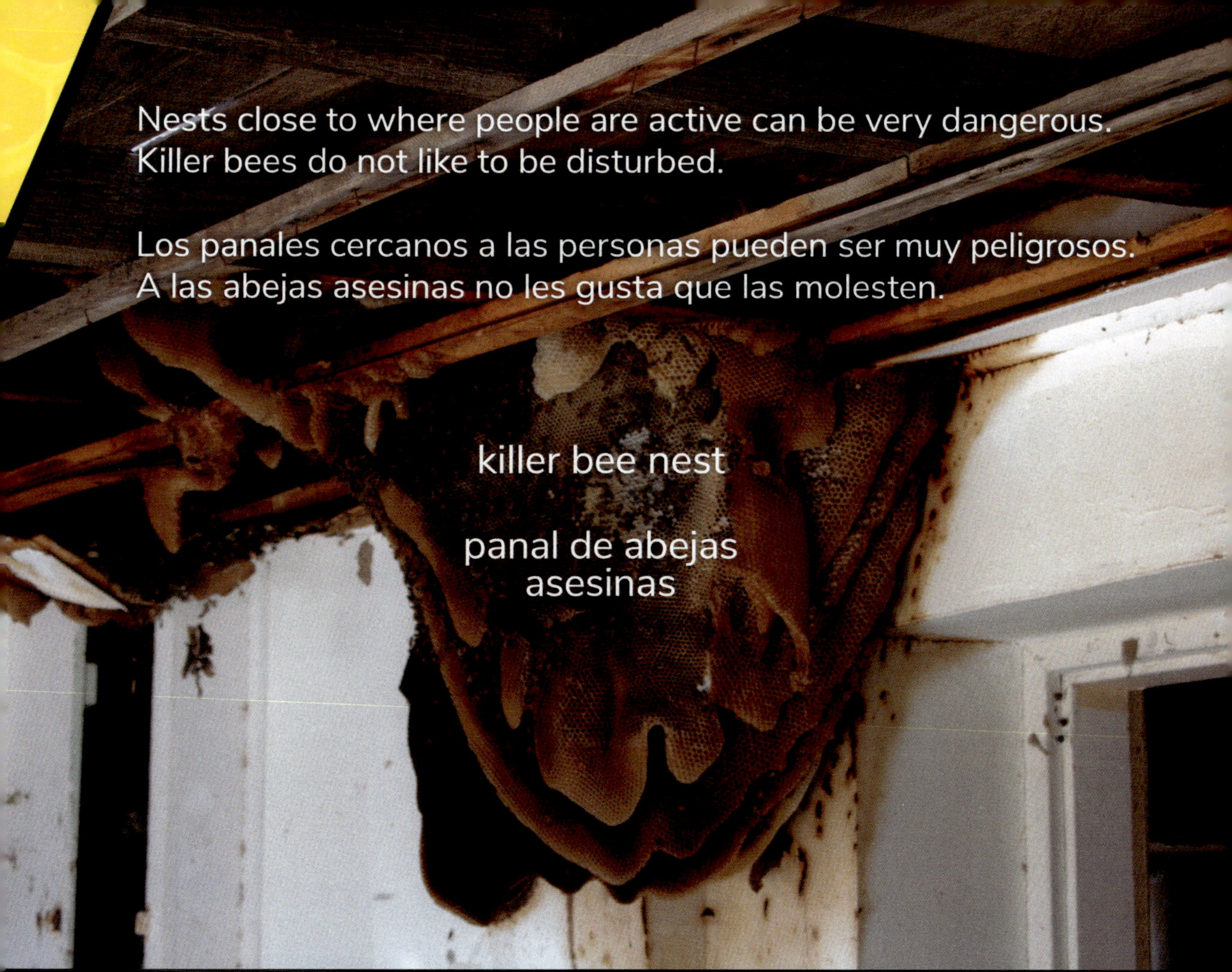

killer bee nest

panal de abejas asesinas

HOMES BUILT BY BEES ARE CALLED NESTS. HUMAN-MADE HOMES FOR BEES ARE HIVES.

UN CONJUNTO DE PANALES SE LLAMA COLMENA. ESTOS HOGARES PARA ABEJAS TAMBIÉN PUEDEN SER HECHOS POR HUMANOS.

THE DRONES
LOS ZÁNGANOS

Drones are male bees. They are easily spotted because they have bigger eyes than their nest mates. Drones do not have stingers. Their only job is to mate with the queen.

Los zánganos son abejas macho. Son fácilmente detectables porque tienen ojos más grandes que los de sus compañeras de colmena. Los zánganos no tienen aguijones. Su único trabajo es aparearse con la reina.

The lifespan of a killer bee is not long. Drones live one or two months. Worker bees live only about one month, while the queen can live about three years.

La vida de una abeja asesina no es larga. Los zánganos viven uno o dos meses. Las abejas obreras viven tan solo un mes, aproximadamente; mientras que la reina puede vivir unos tres años.

THE WORKERS
LAS OBRERAS

All worker bees re female. Workers take on the hardest jobs in the colony. They spend their short lives in devoted service to the queen. Worker bees bring in water and search for food.

Todas las abejas obreras son hembras. Las obreras se encargan de los trabajos más duros de la colonia. Ellas pasan su corta vida al servicio de la reina. Las abejas obreras traen el agua y buscan el alimento.

They feed the queen and drones, guard the colony, and even take out the trash by removing waste from the nest. Workers also **regulate** the nest's temperature. They flap their wings to move the air when it's warm, and use body heat to warm the nest when it's cold.

Alimentan a la reina y a los zánganos, protegen la colonia e incluso sacan la basura retirando los desechos del panal. Las obreras también **regulan** la temperatura de la colmena. Baten sus alas para mover el aire cuando está caliente, y utilizan el calor de sus cuerpos para calentar el panal cuando hace frío.

THE QUEEN
LA REINA

The queen is the most important bee in the colony. She is the only bee that can reproduce. She can lay 1,500 eggs a day for about three years. The eggs hatch into bee **larvae** after three days.

La reina es la abeja más importante de la colonia. Es la única abeja que puede reproducirse. Puede poner 1 500 huevos al día durante unos tres años. Los huevos eclosionan en **larvas** de abeja a los tres días.

Beekeepers usually mark the queen with a dab of paint.

Los **apicultores** suelen marcar a la reina con un poco de pintura.

bee eggs huevos de abeja

bee larvae larvas de abeja

When the queen grows old, or dies, worker bees select larvae to be potential new queens. Workers feed larvae royal jelly—food made by the worker bees. The jelly helps the larvae develop into queens. From these queens, a dominant bee will rise. She will sting and kill any competitors. There can be only one queen bee!

Cuando la reina envejece o muere, las obreras seleccionan larvas que potencialmente serán la nueva reina. Las obreras alimentan a las larvas con jalea real, un alimento elaborado por las abejas obreras. La jalea ayuda a las larvas a desarrollarse en reinas. Una abeja dominante surgirá entre ellas. Picará y matará a cualquier competidora. ¡Solo puede haber una reina!

HONEY
LA MIEL

Killer bees are great honey producers. Some beekeepers even prefer them. Why do bees make honey? Honey is bee food. Bees gather **nectar** from flowers. Enzymes in their stomach break down the nectar and remove water. The bees store the processed liquid, now honey, in the cells of the honeycomb. Stored honey helps bees live through the winter. When beekeepers harvest, they leave enough honey for the bees to eat.

Las abejas asesinas son grandes productoras de miel. Algunos apicultores incluso las prefieren antes que a otras especies. ¿Por qué las abejas producen miel? La miel es el alimento de las abejas. Las abejas recogen el **néctar** de las flores. Las enzimas de su estómago descomponen el néctar y eliminan el agua. Las abejas almacenan el líquido procesado, ahora miel, en las celdas del panal. La miel almacenada ayuda a las abejas a sobrevivir el invierno. Cuando los apicultores cosechan la miel, dejan suficiente para que las abejas se alimenten.

The honeycomb is the wax structure made by bees. It stores honey and provides a safe home for larvae to develop.

El panal es la estructura de cera fabricada por las abejas. Almacena la miel y proporciona un hogar seguro para el desarrollo de las larvas.

KILLER WEAPONS
ARMAS ASESINAS

WEAPON 1—THE STINGER
ARMA NÚMERO UNO: EL AGUIJÓN

The stinger is a pointed tube with barbs. The barbs grab onto skin and get stuck. The bee cannot withdraw the stinger, so it leaves it behind along with a venom sac and other parts of the abdomen. Because of this, a killer bee can only sting once, and then dies.

El aguijón es un tubo puntiagudo con púas. Las púas se agarran a la piel y se atascan. La abeja no puede retirar el aguijón, por lo que lo deja atrás junto con una bolsa de veneno y otras partes del abdomen. Debido a esto, una abeja asesina puede picar solo una vez, después muere.

A queen will sting other potential queens in her nest. Her stinger is slightly smooth, but still barbed. She doesn't lose her stinger when she attacks, so she is capable of stinging multiple times.

Una reina picará a otras reinas potenciales en su nido. Su aguijón es ligeramente liso, pero con púas. No pierde su aguijón cuando ataca, por lo que es capaz de picar varias veces.

WEAPON 2—VENOM
ARMA NÚMERO DOS: EL VENENO

Killer bee venom is a colorless liquid. Bees release venom through their stinger. Venom can cause serious pain and even life-threatening reactions in some people.

El veneno de las abejas asesinas es un líquido sin color. Las abejas liberan el veneno a través de su aguijón. El veneno puede causar un fuerte dolor e incluso reacciones que ponen en peligro la vida de algunas personas.

WEAPON 3—NUMBERS
ARMA NÚMERO TRES: ATAQUE EN EQUIPO

Killer bees are dangerous because they attack in great numbers.

Las abejas asesinas son peligrosas porque atacan en gran número.

Killer bee stings release special chemicals along with their venom. The chemicals act as a signal for other bees to sting.

Las picaduras de abejas asesinas liberan químicos especiales junto con su veneno. Las sustancias químicas actúan como una señal para que otras abejas piquen.

KILLER BEE STING

EL AGUIJÓN DE LA ABEJA ASESINA

A killer bee sting can cause local pain, itching, and swelling. For some people, severe allergic reactions can occur. Severe reactions can cause difficulty breathing and heart, liver, or brain damage. Some people can even go into shock and die.

Una picadura de abeja asesina puede causar dolor local, comezón e hinchazón. En algunas personas puede producir reacciones alérgicas graves. Las reacciones graves pueden causar dificultad para respirar y daños en el corazón, el hígado o el cerebro. Algunas personas pueden incluso entrar en shock y morir.

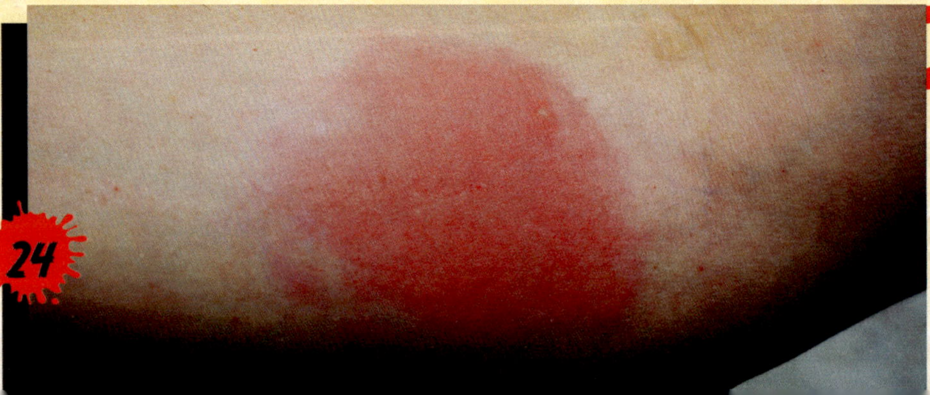

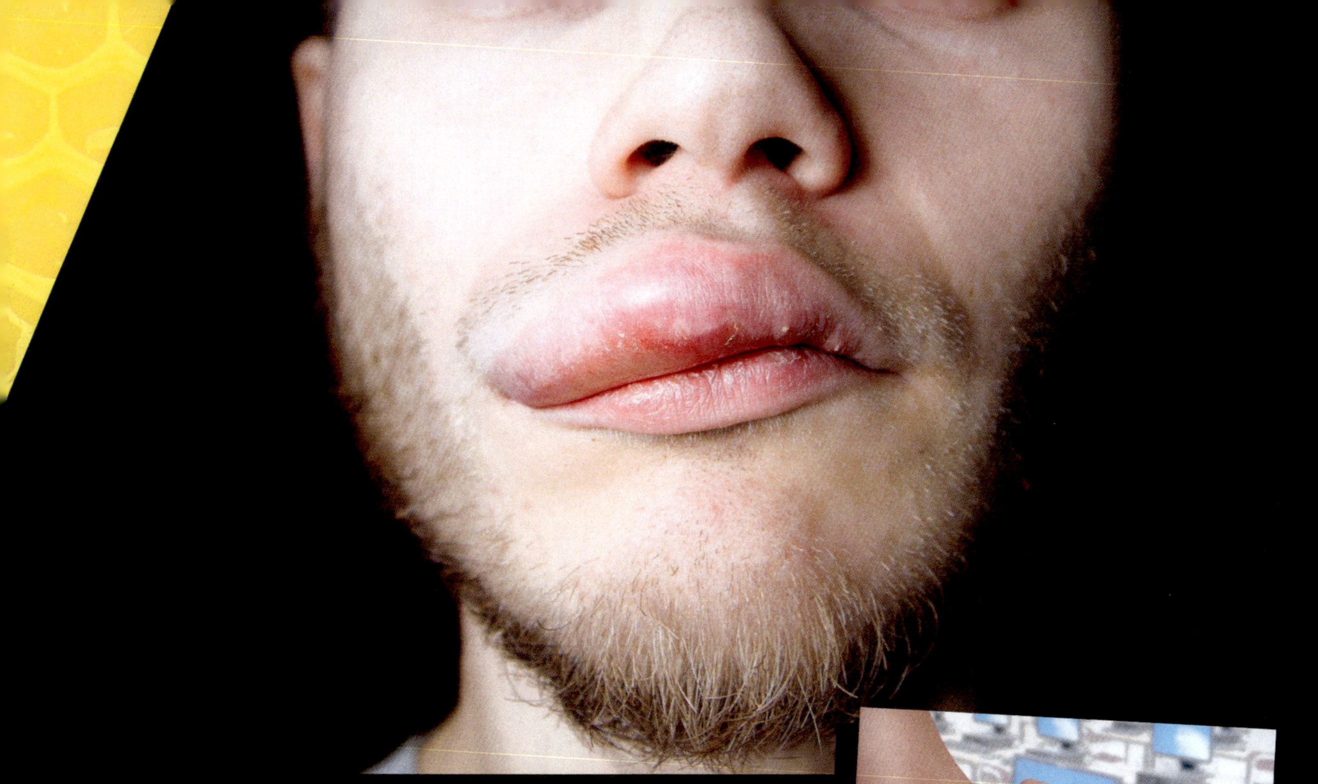

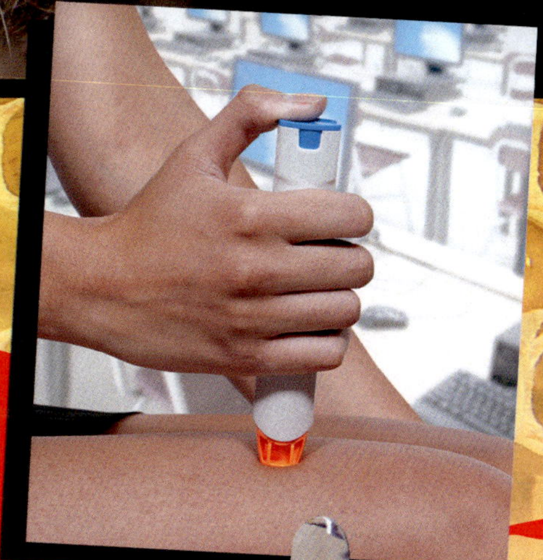

PEOPLE WHO HAVE SEVERE REACTIONS TO A BEE STING BENEFIT FROM A SHOT OF THE HORMONE EPINEPHRINE, ALSO KNOWN AS ADRENALINE. THE HORMONE CAN BE CARRIED IN A SELF-INJECTABLE PEN FOR EMERGENCY USE.

LAS PERSONAS QUE TIENEN REACCIONES SEVERAS A UNA PICADURA DE ABEJA SE BENEFICIAN DE LA INYECCIÓN DE LA HORMONA EPINEFRINA, TAMBIÉN CONOCIDA COMO ADRENALINA. LA HORMONA PUEDE LLEVARSE EN UNA JERINGA AUTOINYECTABLE PARA CASOS DE EMERGENCIA.

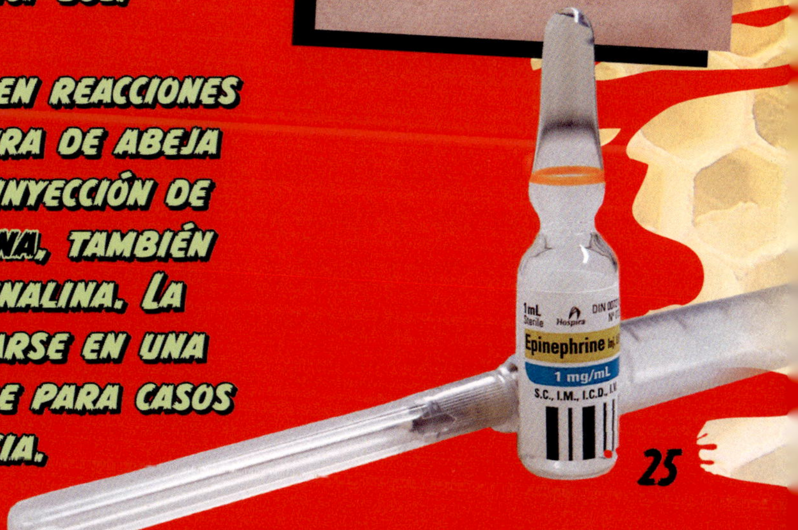

KILLER BEES ATTACK!

Killer bees attack anything that threatens their colony. Once a threat is identified, worker bees go into a frenzy. They attack in force, and will chase their target a quarter mile (0.4 km) or more. One attack occurred in Texas in 2013. A man accidentally disturbed a killer bee nest while driving his tractor. The colony swarmed, stinging the man over a thousand times. Family and neighbors were also stung as they tried to help. Unfortunately, the man died from the massive attack.

¡LAS ABEJAS ASESINAS ATACAN!

Las abejas asesinas atacan cualquier cosa que amenace su colonia. Una vez que identifican una amenaza, las abejas obreras entran en frenesí. Atacan en grupo, y perseguirán a su objetivo un cuarto de milla (0.4 km) o más. Un ataque así ocurrió en Texas en 2013. Un hombre molestó accidentalmente una colonia de abejas asesinas mientras conducía su tractor. El enjambre atacó, picando al hombre más de mil veces. La familia y los vecinos también fueron picados cuando intentaron ayudar. Por desgracia, el hombre murió debido al ataque masivo.

Killer bees kill other insects, small animals, and even large animals like dogs and horses. Killer bees have even killed hundreds or possibly thousands of people worldwide. When killer bees feel threatened, they attack in great numbers, overwhelming their victim. That's why killer bees are one of the world's most deadliest animals.

Las abejas asesinas matan a otros insectos, a animales pequeños e incluso a animales grandes como perros y caballos. Las abejas asesinas han llegado a matar a cientos o posiblemente miles de personas en todo el mundo. Cuando las abejas asesinas se sienten amenazadas, atacan en gran número, abrumando a su víctima. Por eso, las abejas asesinas son uno de los animales más letales del mundo.

Bee exterminators wear protective clothing when removing bee nests.

Los exterminadores de abejas usan **ropa protectora** cuando eliminan panales de abejas.

Dangerous nests should be removed from populated areas.

Los panales peligrosos deben retirarse de zonas pobladas.

Glossary

apiphobia (eh-pif-OH-bee-uh): Intense fear of bees

beekeepers (BEE-keep-erz): People who keep bees, honey farmers

colonies (KOL-uh-NEEZ): Large groups of bees or other insects

cross-breeding (KRAWSS-BREE-ding): Mating two different kinds of animals or plants to produce a new kind

defensive (di-FEN-siv): Feeling and acting as if being attacked

epinephrine (ep-uh-NEF-rin): A hormone released in the body in response to stress that increases heart rate, muscle strength, and blood sugar

hybrid (HYE-brid): Bred from two different species

larvae (LAR-vee): Insects that look like worms in a stage of development after egg and before adult

nectar (NEK-tur): A sweet liquid bees collect from flowers and turn into honey

regulate (REG-yuh-late): Control or manage

species (SPEE-sheez): A certain type of animal or plant

swarm (SWORM): A thick mass of insects that moves in large numbers

venom (VEN-uhm): Harmful fluid delivered by injection

Glosario

apicultores: Las personas que crían abejas y producen miel.

apifobia: Miedo intenso a las abejas.

colonias: Grandes grupos de abejas u otros insectos.

cruzar: El apareamiento de dos diferentes tipos de animales o plantas, para producir un nuevo tipo.

defensivas: Que sienten y actúan como si estuvieran siendo atacadas.

enjambre: Una masa espesa de insectos que se mueve en gran número.

epinefrina: Una hormona liberada en el cuerpo en respuesta al estrés. Aumenta el ritmo cardíaco, la fuerza muscular y el nivel de azúcar en la sangre.

especies: Las clasificaciones en las que se agrupan los distintos tipos de animales o plantas.

híbrido: Cría de dos especies diferentes.

larvas: Insectos parecidos a los gusanos, las larvas están en una fase de desarrollo después del huevo y antes de convertirse en adultos.

néctar: Un líquido dulce que las abejas recogen de las flores y lo convierten en miel.

regulan: Que controlan o gestionan.

veneno: Líquido nocivo que se inyecta.

Index

Índice analítico

Websites to Visit
Sitios web (páginas en inglés):

www.si.edu/spotlight/buginfo/killbee

https://kids.kiddle.co/Africanized_honeybee

www.pestworldforkids.org/pest-guide/bees

About the Author

Amy Culliford has a Bachelor of Fine Arts. She has worked as a classroom drama teacher and led after-school drama programs. She avoids bees of any kind.

The author would like to thank David and Patricia Armentrout for their research and help on this project.

Acerca de la autora

Amy Culliford es licenciada en Bellas Artes. Ha trabajado como profesora de teatro en el campo escolar y ha dirigido programas de teatro extraescolares. Evita los animales letales de cualquier tipo.

La autora desea agradecer a David y Patricia Armentrout por su investigación y contribuciones a este proyecto.

Crabtree Publishing

crabtreebooks.com 800-387-7650

Written by/Escrito por: Amy Culliford
Designer/Diseñadora: Jennifer Dydyk
Editor/Editora: Tracy Nelson Maurer
Proofreader/Correctora de pruebas: Crystal Sikkens
Translated by/Traducción de: Santiago Ochoa
Spanish-language layout and proofread/
Maquetación y corrección en español: Base Tres

Hardcover 978-1-0398-6919-6
Paperback 978-1-0398-6898-4
Ebook (pdf) 978-1-0398-6940-0
Epub 978-1-0398-6961-5

Printed in Canada/Impreso en Canadá/012025/CP20250101

Published in Canada
Publicado en Canadá
Crabtree Publishing
616 Welland Avenue
St. Catharines, Ontario
L2M 5V6

Published in the United States
Publicado en los Estados Unidos
Crabtree Publishing
347 Fifth Avenue
Suite 1402-145
New York, NY 10016

Library and Archives Canada Cataloguing in Publication
Available at the Library and Archives Canada

Library of Congress Cataloging-in-Publication Data
Available at the Library of Congress

Photographs: Cover photo © Felipe Duran/Shutterstock.com, graphic splat on cover and throughout © Andrii Symonenko / Shutterstock.com, page background photo of honeycomb throughout © Kostiantyn Kravchenko, page 4 honeycomb © Dionisvera/Shutterstock.com, page 5 bees © StudioSmart/ Shutterstock.com, page 6 © Pamela Au,Shutterstock.com page 7 courtesy of the USDA, page 8 © mikeledray/Shutterstock.com, page 9 © Jaco Eksteen/Shutterstock.com, page 11 (top) © © Ktr101 https://creativecommons.org/licenses/by-sa/4.0/deed.en, (bottom) © CatherineLProd/Shutterstock.com, page 12 and 13 bees © Kuttelvaserova Stuchelova/Shutterstock.com, page 14 (top) and 15 (top) © Kuttelvaserova Stuchelova/Shutterstock.com, page 14 (bottom) © Simon_g/Shutterstock.com, page 15(bottom) © Ruth Swan/Shutterstock.com, page 16 both photos © Kuttelvaserova Stuchelova/Shutterstock.com, page 17 © bee eggs © Jay Ondreicka/Shutterstock.com, larvae © Kuttelvaserova Stuchelova/ Shutterstock.com, life cycle illustration © EreborMountain/ Shutterstock.com, page 19 (top) © New Africa/Shutterstock.com (bottom) © Ian Scammell/Shutterstock.com, page 20 © Katrina Brown/Shutterstock.com, page 21 © Bachkova Natalia/Shutterstock.com, page 23 large photo © Mirko Graul/Shutterstock.com, small bees © Katrina Brown/Shutterstock.com, page 24 © Siegi/ Shutterstock.com, page 25 (top) © Velimir Zeland/Shutterstock.com, girl with epi-pen © Rob Byron/Shutterstock.com, epinephrin vial © Editorial credit: Sheriffhay / Shutterstock.com, page 26 © Pamela Au/Shutterstock.com, page 27 © DenysHolovatiuk/Shutterstock.com, page 28 and 29 (top) © Editorial credit: mikeledray / Shutterstock.com, page 29 (bottom) © AlexGD93/Shutterstock.com